U0023246

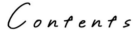

Contents

依作品 / 圖案 / 做法順序刊載

✦ *story*

在雜貨店發現的復古造型噴霧器與水桶。
阿嬤給的掃帚、撢子與手縫的抹布。
平時使用的吸塵器就讓它放個假，
偶爾徒手打掃房間、擦擦地板吧。
有喜歡的打掃工具，便覺得格外幸福。

適合洗衣服的早晨

圖案 ◯ *P.24*　做法 ◯ *P.25-26*

❀ *story*

久違的藍天好刺眼。
今天在陽台上曬滿滿的衣服吧。
洗衣皂與洗衣板是清洗頑固髒污的救世主。
將乾淨清爽的襯衫燙平後，
心靈的洗滌也順利結束。

假 日 購 物 趣

圖案 ➔ *P.27* 　做法 ➔ *P.28-31*

✿ *story*

假日出門購物時，會去品項齊全的大賣場。

新鮮蔬菜、水果、起司，也別忘了買特價的雞蛋和牛奶。

在鍾愛的麵包店買常吃的麵包。

烤好的吐司香脆又彈牙。

同一條路的對面有家新開的花店。

過去打聲招呼，並選了當季的花卉。

老闆對花卉的搭配也很棒，

似乎會變成新的散步路線哦！

今晚的菜單

圖案 ⊙ *P.32*　做法 ⊙ *P.33-35*

✤ *story*

踏著這幾天的積雪慢步而行。
到了晚上六點，回家的路途就變得一片昏暗。
街角轉個彎，便能看到自家的燈光。
吐出的氣息宛如白色的蒸氣般。
打開家門，
「我回來了！」、「歡迎回家！」
包裹著冷颼颼的身體的是，
家人的聲音與最喜歡的濃湯味道。

和花一起生活　　圖案 → P.36　　做法 → P.37-38

✤ story

搬到郊區的這條街已經三年了。
感覺時間的流動比過去緩慢。
最愛的一點是，身邊的花花草草能夠放鬆心靈。
含羞樹在小小的庭院裡開著滿滿的花，帶來幸福。
種在地上的薰衣草，也成為我家玄關前的門面。
為了無論什麼季節都可以賞花，
今年打算來做乾燥花！

下雨天

圖案 ➡ *P.39*　做法 ➡ *P.40-41*

🌱 *s t o r y*

今天開心地出門。

「下雨了耶。」

媽媽遺憾地說，但我卻很開心。

把新長靴和雨傘擺在玄關上準備就緒。

「1、2、3……」

數著長靴上的水滴等媽媽來吧！

夏天的簷廊

圖案 ⊃ *P.42*　做法 ⊃ *P.43*

✤ *story*

小時候暑假時會去阿公阿嬤家住。
寬敞的房子無論從哪裡看都叫人興奮不已。
我特別喜歡面向東邊的簷廊。
下午三點時我會在陰涼處午睡或吃零食，
當時怎麼玩都玩不膩，
已是記憶中遙遠的夏天。
好懷念那時有點苦的冰茶。

12

✤ *story*

坐電車九十分鐘的沿海城鎮。
高台的公園是我喜歡的地點。
每個季節都有不同的變化，
怎麼畫都不會膩。
心無旁騖地揮灑色鉛筆，中午吃便當。
將草莓煉乳糖果丟入口中，
將腳下的花花草草收進照片裡。
有時會讓攀談的人，
看一下貼著便利貼的畫。
那是專屬於我的休假日。

冬季來臨之前

圖案 ➲ P.50　做法 ➲ P.51-53

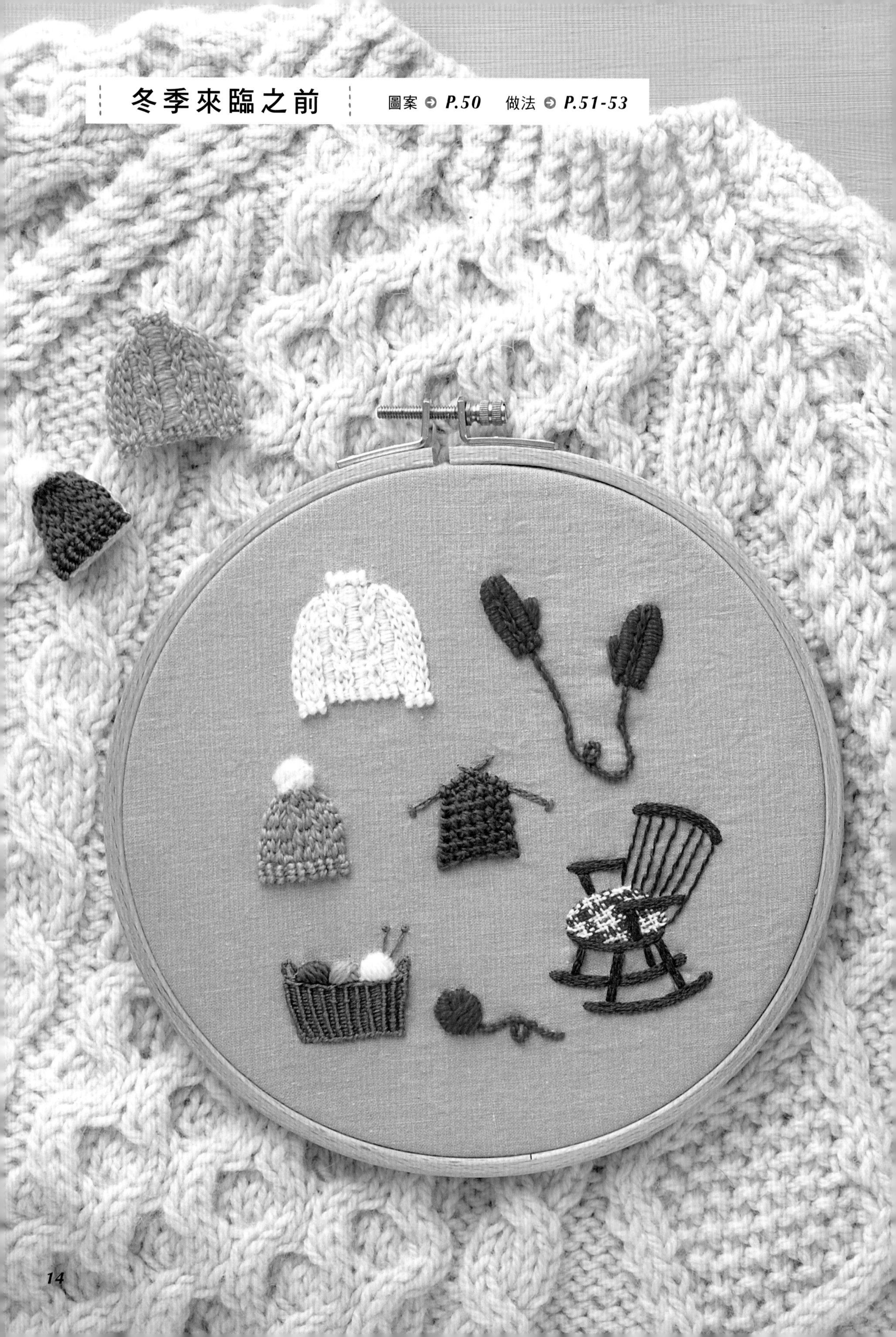

❦ story

北國的冬季來得早，
在真正的寒冷來臨之前開始做準備吧！
替已經有大姐作風的姐姐織件白色毛衣，
搭配格子裙看起來很時尚吧！
個性好動的我織的是灰色毛帽，
是玩雪時不可或缺的配備。
然後給老么織的是紅色手套，
做條繩子以防丟失吧！
在椅子上搖晃著，織著毛線直到夜深。

✚ *story*

我很喜歡充滿異國風情的文具。
只要在跳蚤市場發現，就會下手購入。
雖然用電子郵件就能輕鬆聯絡完畢，
但有時候就是想用寫信的方式傳達。
即將上場的小工具個個美麗動人。
鋼筆的墨水滲出的感覺、信紙淡淺的線條、
少見的郵票。舞台已準備就緒。
之後只要將自己的心情坦率地訴諸於文字即可。

基本材料與工具　　介紹刺繡時使用的材料與工具

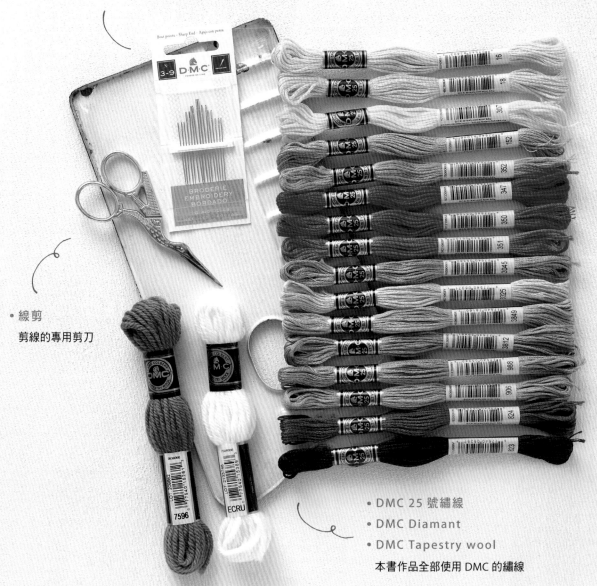

• 刺繡針　配合使用的繡線，選擇繡針的粗細

• 線剪
剪線的專用剪刀

• DMC 25 號繡線
• DMC Diamant
• DMC Tapestry wool
本書作品全部使用 DMC 的繡線

• 亞麻布或半亞麻布
　被單布 （使用另一片布時）
本書主要使用的布。即使是圖案相同，只要改變布的顏色，氛圍也會改變。

• 繡框　　12.5 cm／15.5 cm／18.5 cm
• 裝飾板　A5 （14.8 × 21.0 cm）
　　　　　B5 （12.8 × 18.2 cm）
• 包釦組　3.5 cm／4.5 cm
• 胸針
　2.5 cm　※準備跟作品大小相同的尺寸

• 其他
布用接著劑（透明型）
水消筆（記號水洗可消失）
手工藝用棉花
紙膠帶
不織布
手縫線、手縫針
釘槍
圖釘
曬衣夾

開始本書的刺繡之前　先來選個喜歡的圖案繡看看吧

圖案的描繪方式

請確認本書圖案的描畫方法。

使用描畫板

準備工具

描畫板、轉印用鐵筆、水消筆

將印有圖案的紙放在描畫板上，將布蓋在上方，再用水消筆或轉印用鐵筆描畫。

使用轉印紙

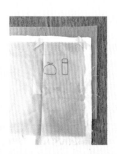

準備工具

轉印紙、玻璃紙（或描圖紙）、轉印鐵筆

將圖案描繪在玻璃紙上。將布、轉印紙、玻璃紙依序重疊並固定好。用轉印鐵筆描著玻璃紙的圖案，在布面上畫出草圖。

※布的下面鋪上墊子或透明文件夾，較容易作業。

關於圖案

本書圖案是實際大小。可以掌握擺在裝飾板或繡框上時的配置狀況。
※配合想繡的尺寸稍微將圖放大或縮小都沒問題。

關於製作方式

每一款作品的具體做法資訊。
刺繡的種類與繡法請參考 P.59～61。
・DMC 系列編號（線的股數）
・繡法名稱
・參考刺繡順序來進行

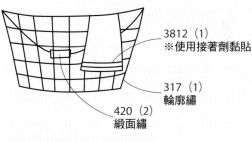

3812（1）
※使用接著劑黏貼

317（1）
輪廓繡

420（2）
緞面繡

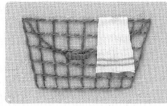

刺繡順序

1　籃子
2　提把
3　貼上另一塊布

・起繡

線端打結，將打結後面的線剪短後開始刺繡。

・止繡

基本上不打結，繞在背面的線上 2～3 次後，將多餘的線剪掉。

圖案 實際大小

打掃用具 | 作品 ➔ *P.2*

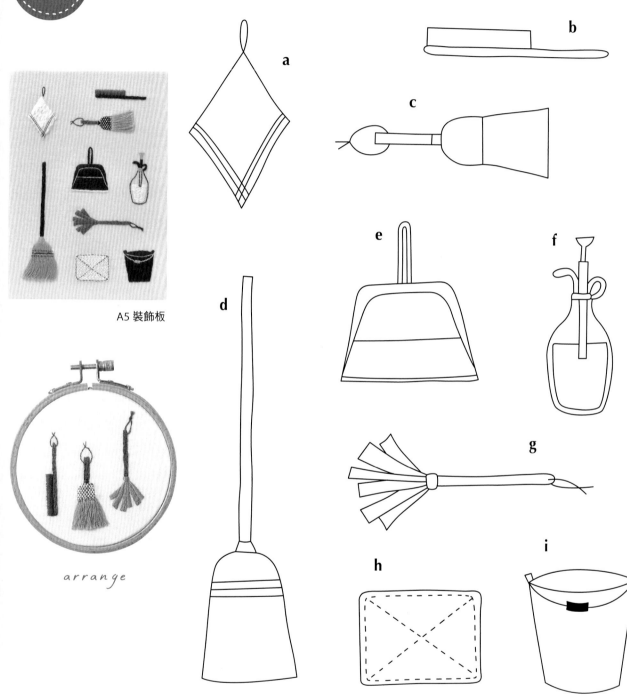

A5 裝飾板

arrange

a

b

c

d

e

f

g

h

i

使用繡線
08（深茶色）● 823（深藍色）● 762（淺灰色）◐ 3045（淡茶色）◐ 350（紅色）◐ Tapestry wool ECRU（白色）○

打掃用具 作品 ➡ *P.2*

a 毛巾

823（1）
輪廓繡

Tapestry wool
ECRU
（分成一半）
裂線繡

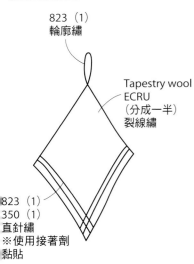

823（1）
350（1）
直針繡
※使用接著劑
黏貼

刺繡順序
1 本體
2 掛環
3 線條

b 長刷子

08（2）
緞面繡
※邊緣稍微繡成鋸齒狀

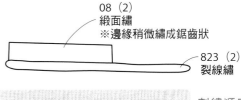

823（2）
裂線繡

刺繡順序
1 毛
2 把手

c 迷你掃帚

08（2）裂線繡
08（2）緞面繡
3045（6）
土耳其結粒繡

823（1）
輪廓繡

823（3）762（3）
籃網繡

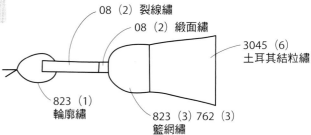

刺繡順序
1 花紋
2 把手、掛環
3 毛尖
參考 P.23

d 掃帚

823（2）
裂線繡

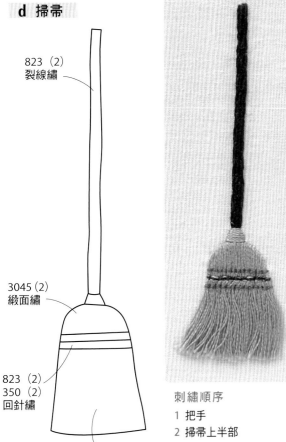

3045（2）
緞面繡

823（2）
350（2）
回針繡

3045（6）
土耳其結粒繡

刺繡順序
1 把手
2 掃帚上半部
3 毛尖
4 深藍色與橘色的線條

e 畚箕

762（1）
輪廓繡

823（2）
輪廓繡

823（2）
裂線繡

762（2）
裂線繡

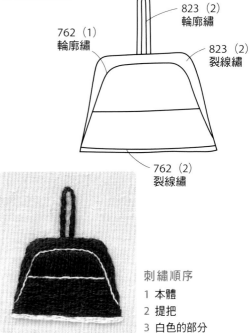

刺繡順序
1 本體
2 提把
3 白色的部分

f 噴霧器

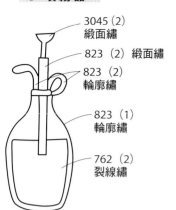

3045（2）
緞面繡

823（2）緞面繡

823（2）
輪廓繡

823（1）
輪廓繡

762（2）
裂線繡

刺繡順序
1 輪廓與裡頭的棒子
2 裡頭的液體
3 蓋子等部分

g 撢子

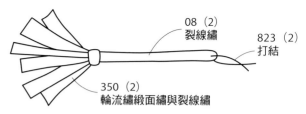

08（2）
裂線繡

823（2）
打結

350（2）
輪流繡緞面繡與裂線繡

刺繡順序
1 把手
2 撢子毛尖
3 掛環

h 抹布

762（2）
鎖鏈繡

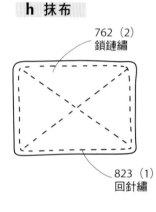

823（1）
回針繡

刺繡順序
1 全體
2 裡頭的花紋

i 水桶

823（2）
緞面繡

762（1）
輪廓繡

3045（2）
輪廓繡

823（2）
裂線繡

3045（2）
緞面繡

刺繡順序
1 本體
2 內側深處
3 白線
4 提把

�֎ *arrange* 12.5cm 繡框

b

08（1）
輪廓繡

561（2）
裂線繡

08（2）
緞面繡
※邊緣稍微
繡鋸齒狀

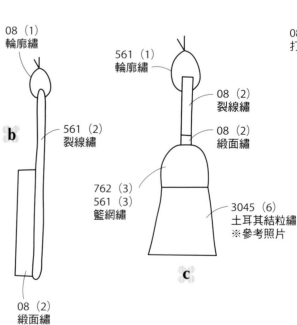

561（1）
輪廓繡

08（2）
裂線繡

08（2）
緞面繡

762（3）
561（3）
籃網繡

3045（6）
土耳其結粒繡
※參考照片

c

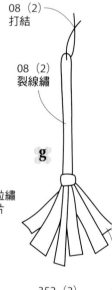

08（2）
打結

08（2）
裂線繡

g

352（2）
輪流繡緞面繡
與裂線繡

使用繡線

08（深茶色）● 561（青綠色）● 762（淺灰色）○ 3045（淡茶色）◐ 352（粉紅色）●

C ┊ 迷你掃帚的做法

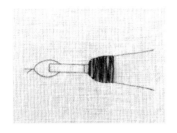

1 適度留下縫隙，用第1個顏色的線（3股線）進行直針繡。

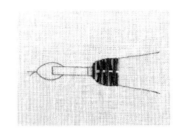

2 第2條顏色的線（3股線）穿過1的上下方繡籃網繡。

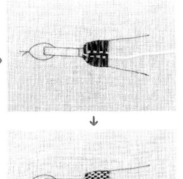

3 下一行是挑起2的線，從相反的方向重覆刺繡。將全體填滿。

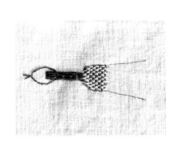

4 把手的部分進行裂線繡和緞面繡，繩子的部分進行輪廓繡。

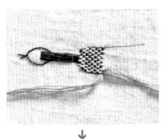
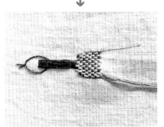

5 掃帚的部分用6股線繡土耳其結粒繡。不打結，從正面入針。

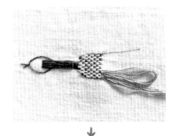

6 將長線留下來，一邊橫向移動，一直繡到最後。

7 將圈環的部分剪掉之後，修整長度即完成。

圖案
實際大小

適合洗衣服的早晨

作品 ➡ *P.3*

A5 裝飾板

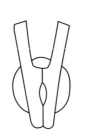 **a** 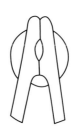 **b**

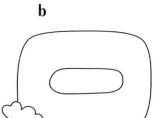

c  **d**  **e**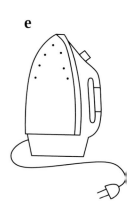

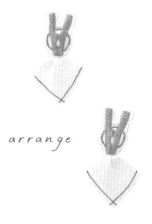

arrange

f

g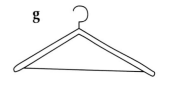

h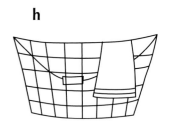

使用繡線

BLANC（白色）○　414（灰色）●　317（深灰色）●　16（黃綠色）○　746（奶油色）○　420（茶色）●

3045（淡茶色）●　3812（青綠色）●　Tapestry wool ECRU（白色）○

24

做法

適合洗衣服的早晨

作品 ➡ *P.3*

a 曬衣夾

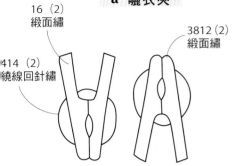

16（2）
緞面繡

3812（2）
緞面繡

414（2）
繞線回針繡

刺繡順序
1 本體
2 鐵絲

b 肥皂

Tapestry wool
ECRU（分成一半）
法國結粒繡

746（2）
鎖鏈繡

746（2）
緞面繡
周圍繡輪廓繡

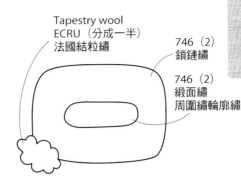

刺繡順序
1 鎖鏈繡的部分
2 中間的肥皂與周圍
3 泡泡

c 洗潔劑

刺繡順序
1 標籤的灰色部分
2 白色部分
3 蓋子
4 花紋

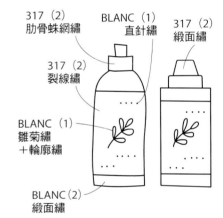

317（2）
肋骨蛛網繡

BLANC（1）
直針繡

317（2）
緞面繡

317（2）
裂線繡

BLANC（1）
雛菊繡
＋輪廓繡

BLANC（2）
緞面繡

d 洗衣板

3812（2）
輪廓繡

3045（2）
緞面繡

3045（2）
輪廓繡

刺繡順序
1 上半部與下半部的
　緞面繡
2 間隔與間隔之間分
　成一半進行緞面繡
3 線條
4 掛環

e 熨斗

刺繡順序
1 本體的底
2 白色的部分
3 黃綠色的部分
4 插頭

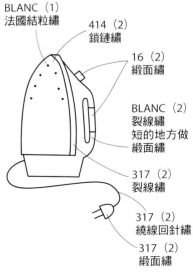

BLANC（1）
法國結粒繡

414（2）
鎖鏈繡

16（2）
緞面繡

BLANC（2）
裂線繡
短的地方做
緞面繡

317（2）
裂線繡

317（2）
繞線回針繡

317（2）
緞面繡

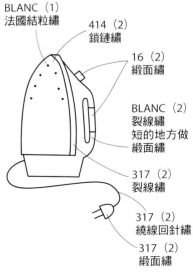

f 洗衣機

BLANC（1）
法國結粒繡

414（2）
緞面繡

BLANC（2）
鎖鏈繡

317（2）
鎖鏈繡

414（2）
鎖鏈繡

BLANC（1）
輪廓繡

414（2）
緞面繡

414（2）
緞面繡

刺繡順序
1 開關
2 按鈕
3 本體繡鎖鏈繡
4 本體的下半部
5 支腳

g 衣架

317（1）
輪廓繡

420（2）
裂線繡

420（2）
繞線回針繡

刺繡順序
1 茶色上半部
2 茶色下半部
3 上方的掛鉤

h 鐵絲籃子

3812（1）
※用接著劑黏貼

317（1）
輪廓繡

420（2）
緞面繡

刺繡順序
1 籃子
2 提把
3 毛巾以貼上另一塊布
   的方式呈現

✿ *arrange* 胸針

胸針的縫法參考 P.35

※進行曬衣夾的緞面繡時，中途須將裁成 3cm 大小的布一起縫進去。裁剪下來的布的周圍為防止脫落，塗上布用膠水或防綻液。

a
6×3.5cm

3844（2）
緞面繡

414（2）
繞線回針繡

※邊緣的線是
BLANC（3）

350（1）
※用布用接著劑黏貼

a
6×3.5cm

3812（2）
緞面繡

414（2）
繞線回針繡

※邊緣的線是
BLANC（3）

350（1）
※用布用接著劑黏貼

使用繡線
BLANC（白色）　414（灰色）　3844（藍色）　3812（藍綠色）　350（紅色）

假日購物趣

作品 ➡ *P.4-5*

a

A5 裝飾板

b

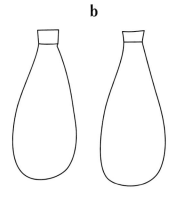

c   **d**

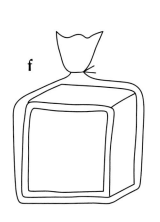

e

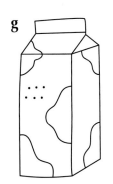

f   **g**

h

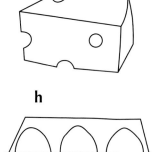

arrange

i   **j**

k

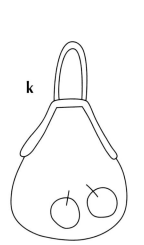

使用繡線

BLANC（白色）⃝　317（深灰色）●　152（古典粉紅色）●　906（綠色）●　18（黃色）●　310（黑色）●

746（奶油色）●　347（紅色）●　436（茶色）●　3820（金黃色）●

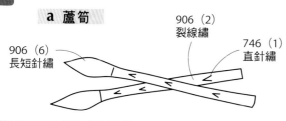

| 做法 | 假日購物趣 | 作品 ➲ P.4-5 |

a 蘆筍

906 (2)
裂線繡

906 (6)
長短針繡

746 (1)
直針繡

刺繡順序
1 莖
2 穗尖
3 白色線條

b 美乃滋醬・番茄醬

347 (2)
肋骨蛛網繡

BLANC (2)
肋骨蛛網繡

746 (2)
鎖鏈繡

347 (2)
鎖鏈繡

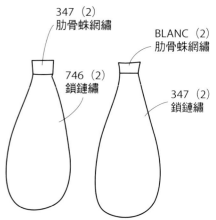

刺繡順序
1 本體
2 瓶蓋

c 草莓

906 (2)
直針繡

BLANC (2)
法國結粒繡

347 (2)
鎖鏈繡

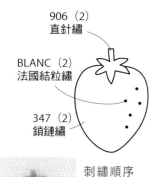

刺繡順序
1 果實
2 蒂
3 種籽

d 檸檬

18 (2)
鎖鏈繡

BLANC (2)
法國結粒繡

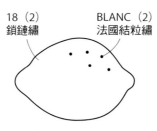

刺繡順序
1 果實
2 白色點點

e 起司

3820 (2)
裂線繡
長度短的地
方繡緞面繡

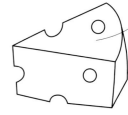

刺繡順序
從喜歡的部分
開始繡

f 吐司

317 (1)
輪廓繡

152 (2)
直針繡

436 (2)
緞面繡

746 (2)
裂線繡

436 (2)
輪廓繡

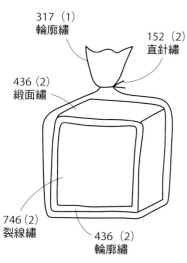

刺繡順序
1 吐司內側
2 吐司邊
3 以透明紗呈現的
  袋子輪廓
  參考 P.30「蛋盒的繡法」
4 袋口的固定繩

h 蛋盒

刺繡順序
參考 P.30

317 (1)
輪廓繡

436 (2)
緞面繡

317 (2)
緞面繡

g 牛奶

310（2）
緞面繡

BLANC（2）
緞面繡
＋長短針繡

310（1）
直針繡

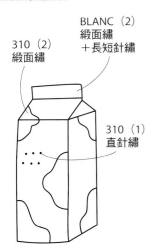

刺繡順序
1 黑色的部分
2 白色的部分
3 文字的點點

i 收據

317（1）
輪廓繡
雛菊繡

317（1）
輪廓繡

法國結粒繡

直針繡

BLANC（1）
捲針縫

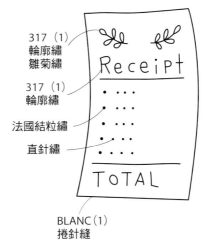

刺繡順序
參考 P.30

j 花束

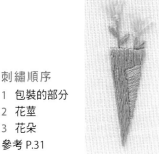

刺繡順序
1 包裝的部分
2 花莖
3 花朵
參考 P.31

18（2）
土耳其結粒繡

906（2）
輪廓繡
雛菊繡

152（2）
裂線繡

152（2）
緞面繡

k 鏤空包包

906（2）
裂線繡

906（2）
分離釦眼繡

436（2）
直針繡

347（2）
緞面繡

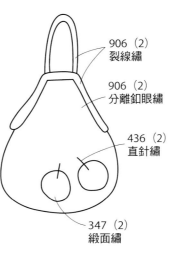

刺繡順序
1 蘋果
2 網子部分
3 提把
參考 P.31

❀ *arrange* 12.5cm 繡框

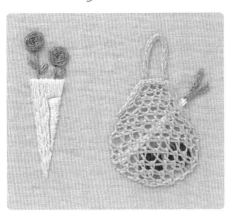

352（2）
土耳其結粒繡

906（2）
輪廓繡
雛菊繡

746（2）
裂線繡

746（2）
緞面繡

j

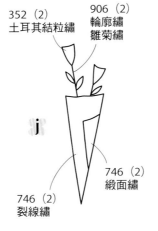

18（2）
裂線繡

18（2）
分離釦眼繡

436（2）
直針繡

906（2）
鎖鏈繡

BLANC（2）
鎖鏈繡

347（2）
緞面繡

k

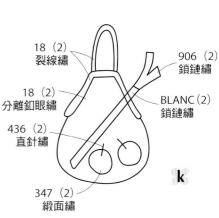

使用繡線

BLANC（白色）○　906（綠色）●　18（黃色）●　746（奶油色）●　347（紅色）●　352（粉紅色）●

h　蛋盒的繡法

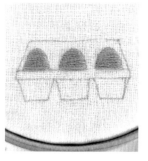

1　繡裡頭的蛋。

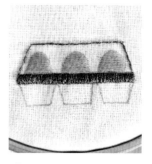

2　將透明紗重疊在 1 上，周圍繡輪廓繡。

3　為防止鬆脫塗上手工藝 用膠水。留下刺繡的部 分後剪掉透明紗。

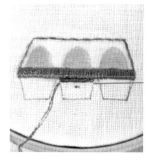

4　繡完剩下的部分即 完成。

i　收據的做法

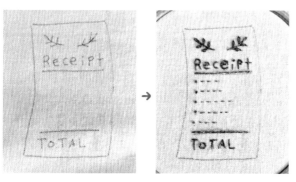

1　將圖案複寫在另一塊布上，進行圖案的刺繡。

2　沿著圖案的輪廓線剪掉後用手工藝用膠水貼在 作品上。

3　用一股線將收據的 周圍仔細縫捲針縫。

k ┊ 鏤空包包的做法

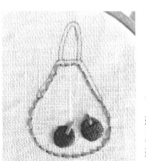

1
繡完蘋果之後,將周圍繡回針繡。刺繡的長度與數量左右邊要整齊。

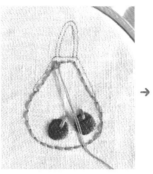 →

2 一邊挑起上方的回針繡,一邊做分離鈕眼繡。

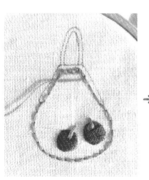 →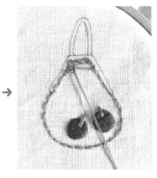

3 繡完1段後返回左側,都要從同一個方向繡。

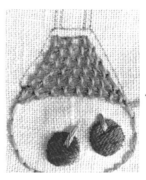 →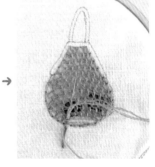

4 直接進行下去,最後挑起留在下方的回針繡後縫起來。

j ┊ 花束的繡法

 → 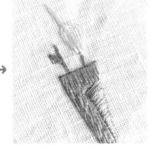 → 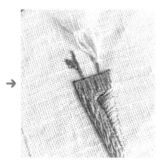 →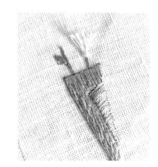

1 在花的位置上,用2股線繡土耳其結粒繡3次。

2 將前端剪掉,再配合花瓣的長度,修剪整齊。

今晚的菜單

圖案
實際大小

作品 ➔ *P.6-7*

a

b

c

d

e

f

g

h

15.5cm 繡框

arrange

使用繡線

3045（淡茶色）　746（奶油色）　420（茶色）　988（黃綠色）　561（綠色）

22（紅色）　351（橘色）　823（深藍色）

32

今晚的菜單 ┊ 作品 ➲ P.6-7

a 馬鈴薯

420（2）
鎖鏈繡

746（2）
小的直針繡

刺繡順序
1 本體
2 線條

b 隔熱手套

22（2）
鎖鏈繡

746（2）
法國結粒繡

988（1）
直針繡

22（2）
做成圈環縫上去

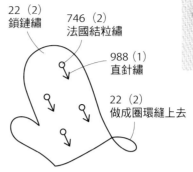

刺繡順序
1 全體
2 花的圖案
3 掛環

c 洋蔥

3045（2）
鎖鏈繡

3045（2）
緞面繡

刺繡順序
1 緞面繡
2 鎖鏈繡

d 紅蘿蔔

746（2）
直針繡

988（2）
飛行繡

351（2）
裂線繡

刺繡順序
1 本體
2 葉子
3 線條

f 維也納香腸

420（2）
鎖鏈繡

746（2）
直針繡

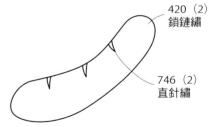

刺繡順序
1 本體
2 線條

e 鍋子

746（2）
回針繡

3045（2）
緞面繡

823（2）
裂線繡

823（2）
緞面繡

823（2）
鎖鏈繡

746（2）
飛行繡

746（2）
法國結粒繡

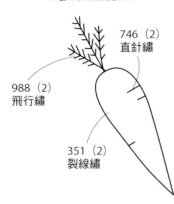

刺繡順序
1 本體
2 蓋子、提把
3 花紋

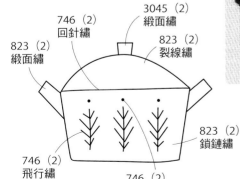

g 蘑菇　　　　　　　　　　　　**h** 花椰菜

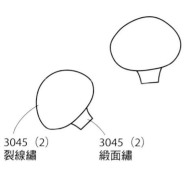

3045（2）
裂線繡

3045（2）
緞面繡

刺繡順序
1 本體
2 香菇柄

561（2）
鎖鏈繡

988（4）
法國結粒繡

988（2）
裂線繡

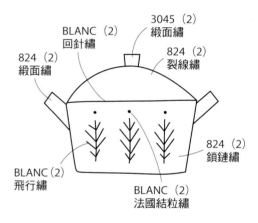

刺繡順序
1 綠色的鎖鏈繡
2 莖
3 法國結粒繡

❀ *arrange*　胸針

b

3.2 × 2.7㎝

351（2）
鎖鏈繡

BLANC（2）
法國結粒繡

351（2）
做成圈環縫上去

BLANC（2）
回針繡

3045（2）
緞面繡

824（2）
緞面繡

824（2）
裂線繡

824（2）
鎖鏈繡

BLANC（2）
飛行繡

BLANC（2）
法國結粒繡

e

3.5 × 4.7㎝

繡上水蒸氣
Tapestry wool ECRU 白色線分
成一半使用，底部用透明或白
線來回多縫幾次，然後剪下想
要的長度。

e

3.5 × 4.7㎝

823（2）
緞面繡

823（2）
回針繡

3820（2）
緞面繡

3820（2）
裂線繡

3820（2）
鎖鏈繡

823（2）
飛行繡

823（2）
法國結粒繡

※邊緣的線全是 BLANC（3）

使用繡線

3045（淡茶色）● 988（黃綠色）● BLANC（白色）○ 351（橘色）● 824（藍色）● 3820（黃色）● 823（深藍色）●
Tapestry wool ECRU（白色）

e | 有蒸氣的鍋子胸針做法

1 將繡完的圖案周圍約略剪下來。

2 將 2mm 厚的不織布疊在 1 上,周圍留下 2 ～ 3mm 後剪下來,製作底座。

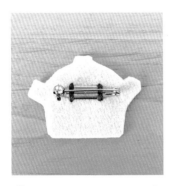

3 將胸針縫在製作好的底布。

4 將圖案與底布重疊,固定住以防脫落。將周圍用繡線（3 股）捲起來縫做邊緣。

5 在縫合之前塞入少量的棉花。

6 將剩下的部分縫合起來即完成。

和花一起生活

作品 ➔ *P.8-9*

含羞草
B6 裝飾板

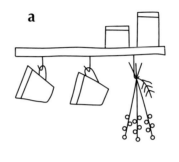

a

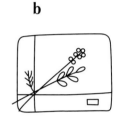

b

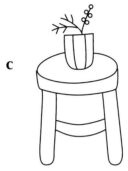

c

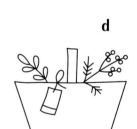

d

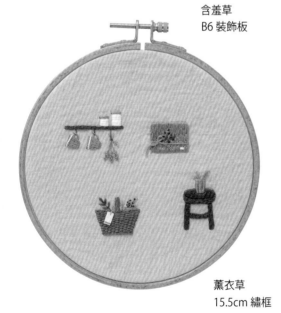

薰衣草
15.5cm 繡框

使用繡線

含羞草

307（黃色）　08（深茶色）　BLANC（白色）　3325（水藍色）　3045（淡茶色）

502（淺綠色）　561（深綠色）　420（茶色）

薰衣草

554（淡紫色）　550（深紫色）　08（深茶色）　BLANC（白色）　352（亮粉紅色）

988（黃綠色）　561（深綠色）　420（茶色）

和花一起生活

作品 ➡ *P.8-9*

a 架子

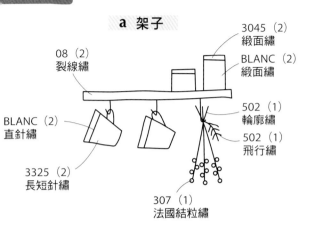

08（2）
裂線繡

3045（2）
緞面繡

BLANC（2）
緞面繡

BLANC（2）
直針繡

3325（2）
長短針繡

502（1）
輪廓繡

502（1）
飛行繡

307（1）
法國結粒繡

刺繡順序
1 架子
2 罐子
3 馬克杯
4 花

b 包裹

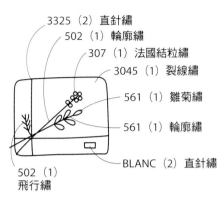

3325（2） 直針繡

502（1） 輪廓繡

307（1） 法國結粒繡

3045（1） 裂線繡

561（1） 雛菊繡

561（1） 輪廓繡

BLANC（2） 直針繡

502（1）
飛行繡

刺繡順序
1 小包裹
2 花
3 標籤
4 緞帶
※在交叉處打結

c 椅子

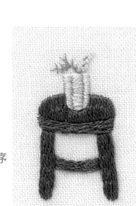

307（1）
法國結粒繡

3325（2）
緞面繡

502（1）
莖 輪廓繡
葉 飛行繡

08（2）
裂線繡

刺繡順序
1 花瓶
2 花
3 椅子

d 籃子

561（1） 雛菊繡

561（1） 輪廓繡

420（2） 緞面繡

307（1） 法國結粒繡

502（1） 葉子 飛行繡

502（1） 莖 輪廓繡

3325（1）
輪廓繡

籃子的上下方
420（2） 繞線回針繡

420（3）
籃網繡

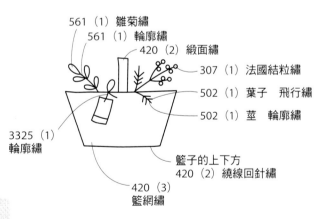

刺繡順序
1 籃子
2 花
3 標籤
參考 P.38

d ┊ 籃子的繡法

1 用籃網繡繡籃子的部分。用繡線（3股線）繡縱線。

2 分別跳過 **1** 的縱線，如圖的順序挑起橫線。

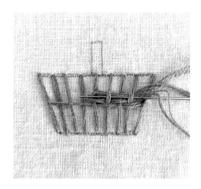

3 折返回去後將挑起來的線與 **2** 相反方向來繡全體。

4
製作標籤。配合籃子大小剪適當的不織布。下方的部分將繡線捲起來用接著劑黏貼，再用繡線（1股線）縫上去。

薰衣草版本的顏色

依下列資訊作變更

307 ⬜ → 554（淡紫色）⬤ 550（深紫色）●

502 ⬤ → 988（綠色）⬤

3325 ⬤ → 352（亮粉紅色）⬤

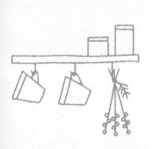

下雨天

作品 ➲ *P.10*

arrange

12.5cm 繡框

a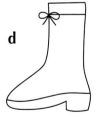

b

c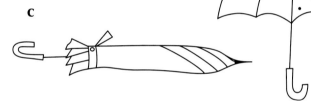

d

使用繡線

352（亮粉紅色）　3849（藍綠色）　BLANC（白色）　823（深藍色）●

152（古典粉紅色）

做法

下雨天

作品 ➔ *P.10*

a 小朋友的長靴

刺繡順序
1 本體
2 點點花紋
3 掛環
參考 P.41

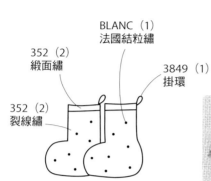

BLANC（1）
法國結粒繡

352（2）
緞面繡

3849（1）
掛環

352（2）
裂線繡

b 小朋友的傘

3849（1）
直針繡

3849（2）
裂線繡

352（2）
鎖鏈繡

352（2）
輪廓繡

352（1）
法國結粒繡

3849（2）
鎖鏈繡

3849（2）
繞線輪廓繡

3849（2）
裂線繡＋緞面繡

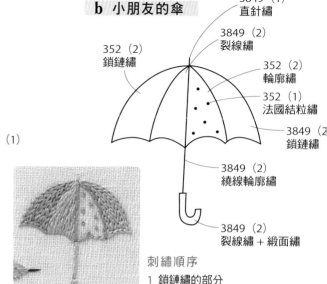

刺繡順序
1 鎖鏈繡的部分
2 裂線繡、透明層的部分
3 傘尖、把手

d 大人的長靴

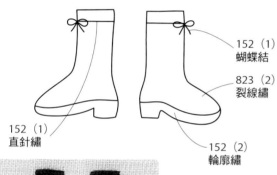

152（1）
蝴蝶結

823（2）
裂線繡

152（1）
直針繡

152（2）
輪廓繡

刺繡順序
1 本體
2 鞋底
3 緞帶
參考 P.41

c 大人的傘

823（2）
緞面繡＋裂線繡

823（2）
緞面繡

823（1）
直針繡

823（1）
直針繡

152（1）
法國結粒繡

152（2）
裂線繡

152（2）
緞面繡

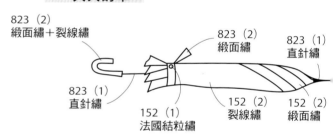

刺繡順序
1 粉紅色的部分
2 傘尖、把手
3 帶子、釦子

❀ *arrange* 包釦

包釦的做法請參考 P.63

b

4.5cm

797（1）
直針繡

762（1）
裂線繡

797（2）
鎖鏈繡

797（2）
輪廓繡

797（1）
法國結粒繡

762（2）
鎖鏈繡

3325（2）
緞面繡

797（2）
繞線輪廓繡

797（2）
裂線繡＋緞面繡

a

3.5cm

BLANC（1）
法國結粒繡

823（2）
緞面繡

823（2）
裂線繡

347（1）
掛環

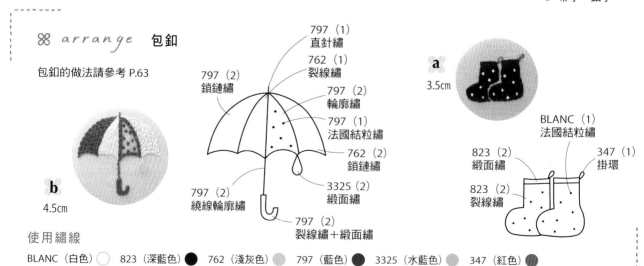

使用繡線

BLANC（白色）○　823（深藍色）●　762（淺灰色）○　797（藍色）●　3325（水藍色）○　347（紅色）●

d ┊ 大人長靴的緞帶綁法

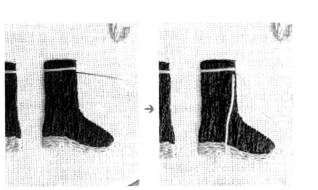

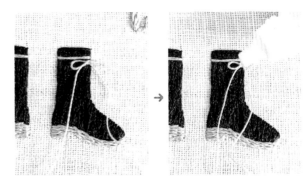

1 準備好一條不打結的繡線（1股線）。從緞帶位置的正面入針，從最近的地方出針。

2 打好蝴蝶結調整形狀後，為避免鬆脫稍微黏一點手工藝用接著劑。

3
接著劑乾了之後將線剪成喜歡的長度。

a ┊ 小朋友長靴掛環的綁法

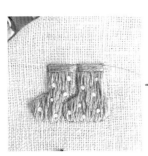

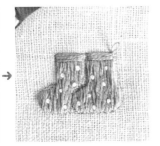

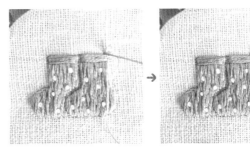

1 在要綁的位置上出針（1股的繡線），在同一處入針，留下可做成圈環長度的線。

2 在 **1** 的底部繡兩次直針繡，固定住。

夏天的簷廊 　作品 ➡ *P.11*

B6 裝飾板

a

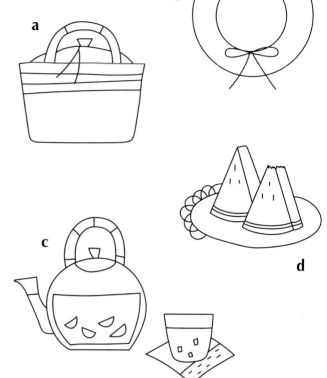

b

c

d

arrange　12.5cm 繡框

使用繡線

3045（淡茶色）　420（茶色）　BLANC（白色）　08（深茶色）

317（深灰色）　310（黑色）　336（深藍色）　16（黃綠色）　988（深黃綠色）

986（深綠色）　22（紅色）　3328（深粉紅色）　3712（粉紅色）　24（淡冰塊色）　554（淡紫色）

夏天的簷廊 | 作品 ➡ *P.11*

a 藤編包包

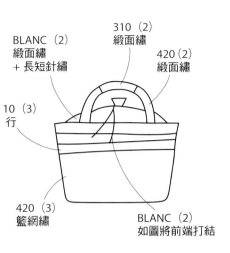

BLANC（2）
緞面繡
＋長短針繡

310（2）
緞面繡

420（2）
緞面繡

10（3）
行

420（3）
籃網繡

BLANC（2）
如圖將前端打結

刺繡順序
1 籃子　　3 內袋
2 提把　　4 繩子

arrange

・提把與籃子的黑色緞帶
不繡
・內袋的布→變更成 24
（2）

b 草編帽

3045（3）
籃網繡

3045（3）
分離釦眼繡

310（2）
輪廓繡

310（2）
蝴蝶結

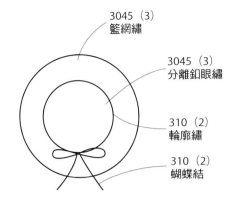

刺繡順序
1 帽子正中央
2 帽子的周圍
3 帽圍的緞帶
4 蝴蝶結

c 冷茶

刺繡順序
1 茶葉→茶水
2 放在透明紗上，
茶壺、茶杯的輪廓
參考 P.30「蛋盒的繡法」
3 提把
4 杯墊

arrange

・不要蓋住透明紗
・杯墊→變更成 554（2）

3045（2）
輪廓繡

317（1）
輪廓繡

08（2）
直針繡

16（2）
裂線繡

988（2）
緞面繡

BLANC（2）
緞面繡

BLANC（1）
直針繡

336（2）
緞面繡

16（2）
裂線繡

336（2）
緞面繡

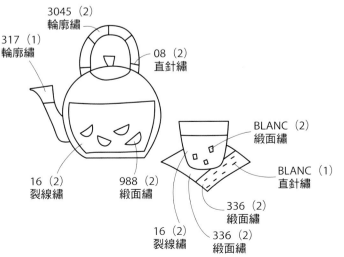

d 西瓜

310（2）
雛菊繡

3712（2）3328（2）
22（2）長短針繡

BLANC（2）
986（2）
輪廓繡

3045（2）
土耳其結粒繡

3045（2）
鎖鏈繡

刺繡順序
1 西瓜
（從上方）
2 盤子
3 盤子的周圍

一日輕旅行

作品 ➜ *P.12-13*

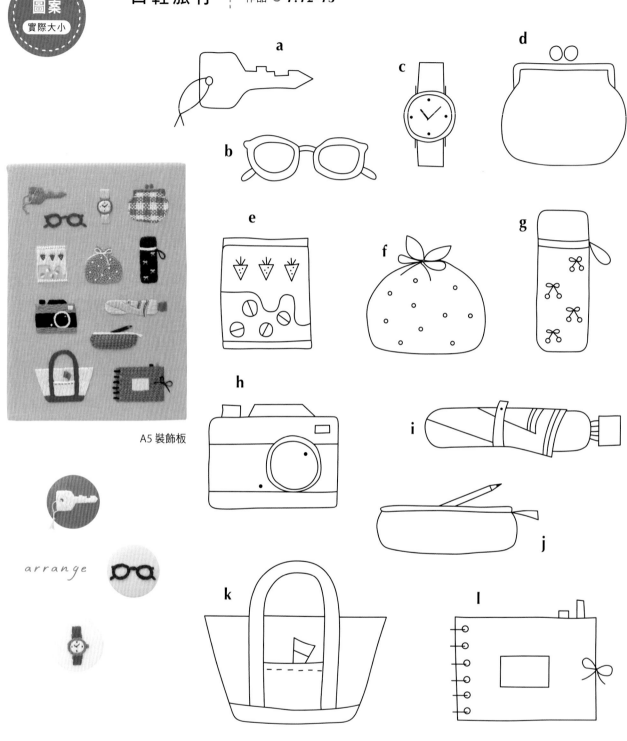

A5 裝飾板

arrange

使用繡線

BLANC（白色）○　746（奶油色）　823（深藍色）●　3812（藍綠色）●　310（黑色）●　351（橘色）●

3325（水藍色）●　420（茶色）●　414（灰色）●　347（紅色）●

44

一日輕旅行

作品 ➡ P.12-13

a 鑰匙

414（2）
長的地方是裂線繡
短的地方是緞面繡

3812（2）
打結

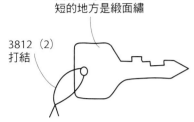

刺繡順序
1 本體
2 繩子

b 眼鏡

347（2）
輪廓繡

347（2）緞面繡

刺繡順序
1 圓框的部分
2 眼鏡架

c 手錶

3325（2）
緞面繡

746（2）
裂線繡

420（2）
輪廓繡

310（1）
法國結粒繡

310（1）
直針繡

420（2）
直針繡

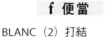

刺繡順序
1 白色部分
2 圓框
3 錶帶
4 文字、指針

d 口金包

420（2）
緞面繡

420（2）
裂線繡

351（3）
746（3）
4 條分別
繡籃網繡

刺繡順序
1 本體
2 口金
參考 P.47

e 糖果

746（2）
肋骨蛛網繡

3812（1）
直針繡

746（2）
裂線繡

BLANC（1）
直針繡

347（2）
緞面繡

351（2）
746（2）
緞面繡

刺繡順序
1 糖果
2 疊在透明紗上的草莓
  參考 P.30「蛋盒的繡法」
3 奶油色的部分
4 上下收口的部分

f 便當

BLANC（2）打結

3812（2）
鎖鏈繡

BLANC（2）
法國結粒繡

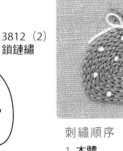

刺繡順序
1 本體
2 圓點花紋
3 緞帶

g 水壺

BLANC（2）
裂線繡

823（2）
掛環

BLANC（1）
雛菊繡

BLANC（1）
直針繡

347（1）
法國結粒繡

823（2）
裂線繡

刺繡順序
1 本體
2 瓶蓋
3 花紋
4 掛環
參考 P.48

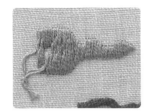

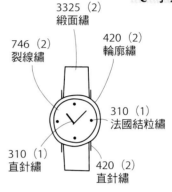

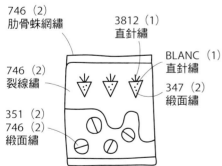

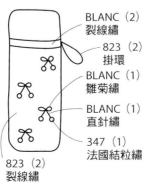

h 照相機

310（2）
緞面繡

310（2）
裂線繡

310（2）
裂線繡

414（2）
裂線繡

BLANC（2）
法國結粒繡

BLANC（2）
輪廓繡

BLANC（2）
緞面繡

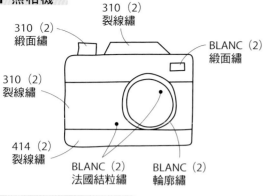

刺繡順序
1 鏡頭
2 黑色的部分
3 灰色的部分
4 其餘按鈕類

i 摺疊傘

3325（2）
裂線繡

420（2）
法國結粒繡

420（2）
直針繡

420（2）
緞面繡

3325（2）緞面繡

823（1）接著劑

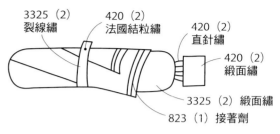

刺繡順序
1 本體
2 握把
3 深藍色的線條
4 鈕釦

j 筆袋

746（2）
裂線繡

420（2）
直針繡

310（1）
直針繡

823（2）
裂線繡

351（3）
分離釦眼繡

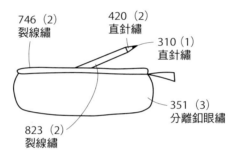

刺繡順序
1 本體
2 拉鍊
3 鉛筆
參考 P.48

k 托特包

420（2）
土耳其結粒繡

746（2）
裂線繡

347（2）
裂線繡

347（1）
直針繡

3325（2）
緞面繡

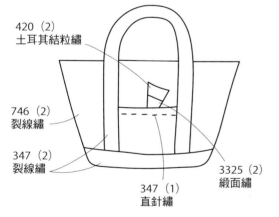

刺繡順序
1 奶油色的部分
2 紅色的部分
3 畫筆
4 另一塊布的口袋
參考 P.49

l 素描簿

310（2）
捲線繡
捲 10 圈

823（2）緞面繡

3812（2）
緞面繡

310（2）
打結

外側輪廓
420（1）
輪廓繡

746（2）
裂線繡

420（2）
鎖鏈繡

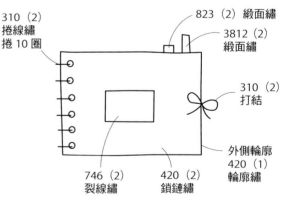

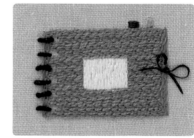

刺繡順序
1 本體
2 中心的標籤
3 圈環
4 便利貼、緞帶

C ｜ 口金包的繡法

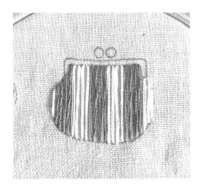

1 用兩種顏色繡線（3股線）分別繡4條縱線。

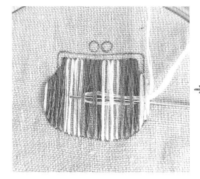

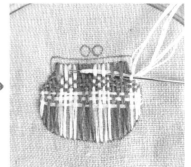

2 橫線是4列需換色，用兩種顏色繡籃網繡。

🌸 *arrange* **包釦**

有關包釦的做法，請參考 P.63

c
3.5 cm

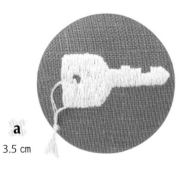

a
3.5 cm

823（2）
輪廓繡

823（2）緞面繡

762（2）
長的地方是裂線繡
短的地方是緞面繡

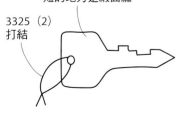

3325（2）
打結

b
3.5 cm

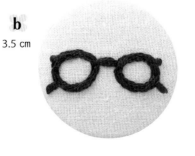

347（2）
緞面繡

746（2）
裂線繡

420（2）
輪廓繡

310（1）
直針繡

310（1）
法國結粒繡

420（2）
直針繡

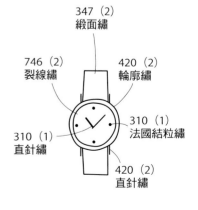

使用繡線

762（白色）⚪　746（奶油色）　823（深藍色）⚫　310（黑色）⚫　347（紅色）　420（茶色）　3325（水藍色）

g ｜ 水壺掛環的縫法

 →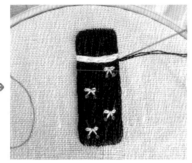

1 在欲縫上掛環的位置將繡線（2股線）出針，再在相同處入針，留下可做成圈環的線條。

2 在 1 的底部繡 2 次短的直針繡後固定。

j ｜ 筆袋膨膨狀的繡法

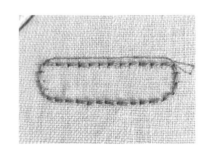

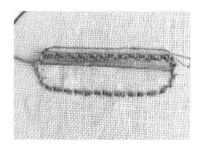

1 用繡線（3股線）繡回針繡。此時上下方的刺繡長度與數量需整齊。

2 從上方開始繡分離釦眼繡。

 →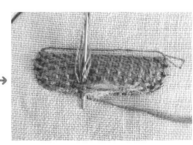

3

繡到下方後，使用棉花棒塞入少量的棉花，將最後一段繡完後封起來。最後將從縫隙漏出來的棉花剪掉。

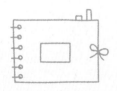

k 托特包口袋的做法

1 做口袋以外部分的刺繡。

2 在另一塊布上複寫口袋的大小進行刺繡。

3 將口袋周圍留下5～6mm後裁剪下來,如圖般先剪出角。

4 在留白的部分塗接著劑,貼在內側調整形狀。

5 將接著劑塗在口袋的左右邊與布面,再貼在口袋位置上。

49

冬季來臨之前

作品 ➔ *P.14-15*

arrange

18.5cm 繡框

a

b

c

d

e

f

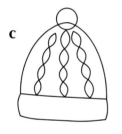

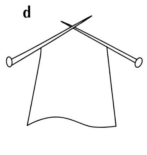

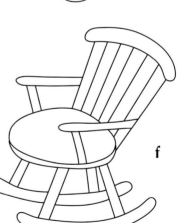

使用繡線

420（茶色）⚫ 3809（淡藍色）⚫ 22（紅色）⚫ BLANC（白色）◯ 433（濃茶色）⚫

Tapestry wool ※分成一半使用 7596（藍青色）⚫ 7292（灰色）⚫ ECRU（白色）⚪ 7758（紅色）⚫

冬季來臨之前

作品 ➡ *P.14-15*

a 毛衣

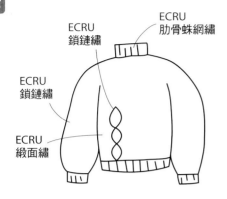

ECRU
鎖鏈繡

ECRU
肋骨蛛網繡

ECRU
鎖鏈繡

ECRU
緞面繡

刺繡順序
1 身體
2 袖子
3 脖子、下襬與袖口的
   收口部分
參考 P.53

b 手套

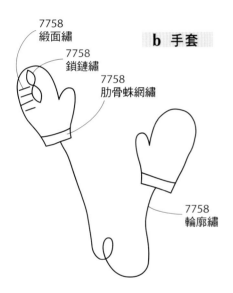

7758
緞面繡

7758
鎖鏈繡

7758
肋骨蛛網繡

7758
輪廓繡

刺繡順序
1 花紋→本體
2 手腕的袋口
3 繩子

c 帽子

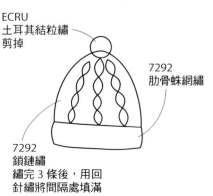

ECRU
土耳其結粒繡
剪掉

7292
肋骨蛛網繡

7292
鎖鏈繡
繡完 3 條後，用回
針繡將間隔處填滿

刺繡順序
1 本體
2 帽口的部分
3 毛球

d 織到一半的織物

420 （2）
裂線繡

7596
分離釦眼繡

刺繡順序
1 棒針
2 編織物
※最後塞入少許
   棉花
參考 P.53

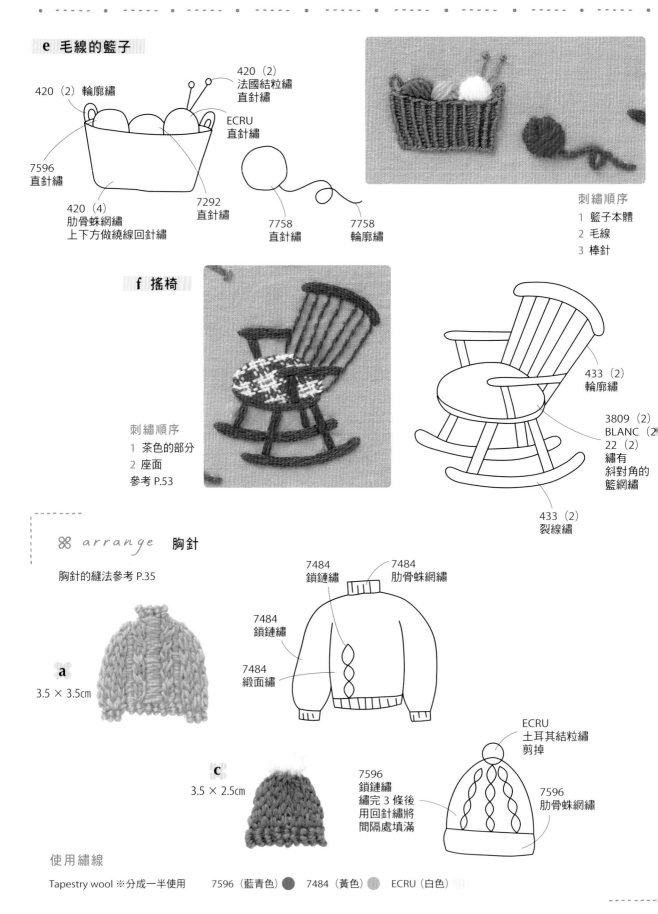

e 毛線的籃子

420（2）輪廓繡

420（2）
法國結粒繡
直針繡

ECRU
直針繡

7596
直針繡

420（4）
肋骨蛛網繡
上下方做繞線回針繡

7292
直針繡

7758
直針繡

7758
輪廓繡

刺繡順序
1 籃子本體
2 毛線
3 棒針

f 搖椅

刺繡順序
1 茶色的部分
2 座面
參考 P.53

433（2）
輪廓繡

3809（2）
BLANC（2
22（2）
繡有
斜對角的
籃網繡

433（2）
裂線繡

❀ *arrange* 胸針

胸針的縫法參考 P.35

a
3.5 × 3.5cm

7484
鎖鏈繡

7484
肋骨蛛網繡

7484
鎖鏈繡

7484
緞面繡

c
3.5 × 2.5cm

ECRU
土耳其結粒繡
剪掉

7596
鎖鏈繡
繡完 3 條後
用回針繡將
間隔處填滿

7596
肋骨蛛網繡

使用繡線

Tapestry wool ※分成一半使用　　　7596（藍青色）　　　7484（黃色）　　　ECRU（白色）

a ┊ 毛衣花紋的繡法

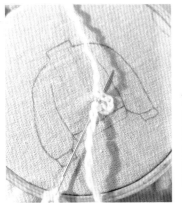

1
將 Tapestry wool 線剪成 30cm 長度後慢慢分成 2 條。建議使用編織針或 6 股線用的繡針。

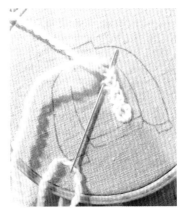

2
用鎖鏈繡刺繡。花紋交叉處是朝上與朝下輪流變換來做刺繡。

f ┊ 搖椅座面的繡法

用繡線（2 股線）依「紅色 3、白色 2、藍色 1、白色 2」的順序來繡縱線。橫線也用同樣順序繡籃網繡。

※不是從圖案的邊緣開始，而是從中心開始繡，就能繡得很漂亮。

d ┊ 織一半的織物的做法

繡完分離釦眼繡後，從下方塞入少量棉花就更能呈現出膨膨的感覺。下方不縫合做出飄起來的狀態。

一封祕密書信 ┊ 作品 ➲ *P.16-17*

a

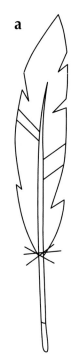

b

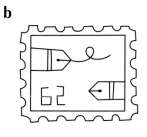

c

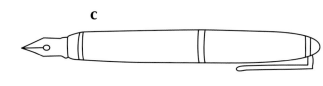

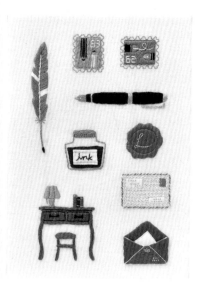

A5 裝飾板

d

e

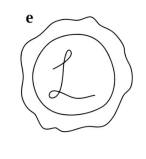

arrange

f

g

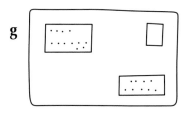

h

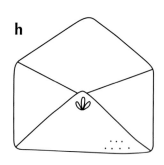

使用繡線

824（藍色）● 　310（黑色）● 　3809（淡藍色）● 　350（紅色）◐ 　762（淡灰色）○ 　906（綠色）● 　823（深藍色）●

08（深茶色）● 　414（灰色）● 　3045（淡茶色）● 　BLANC（白色）○ 　Diamant　D3821（金色）◐

一封祕密書信 作品 ➡ *P.16-17*

a 羽毛筆

3809（2）
緞面繡

BLANC（2）
緞面繡

BLANC（2）
輪廓繡

3809（1）
直針繡

414（2）
輪廓繡

310（2）
緞面繡

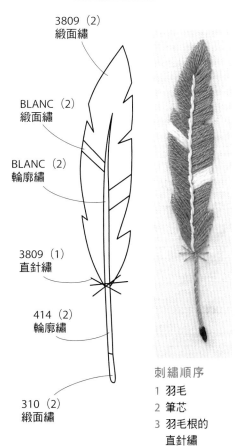

刺繡順序
1 羽毛
2 筆芯
3 羽毛根的
　直針繡

b 郵票

414（1）
輪廓繡＋直針繡

823（2）
緞面繡

BLANC（2）
直針繡

906（2）
裂線繡

3045（2）
緞面繡

310（1）
緞面繡

906（2）
回針繡

762（2）
緞面繡

414（1）
直針繡

414（1）
輪廓繡＋
直針繡

Diamant
D3821
直針繡

3809（2）
裂線繡

BLANC（1）
用接著劑黏貼

310（2）緞面繡

BLANC（2）
直針繡＋
法國結粒繡

BLANC（2）
直針繡

414（2）
緞面繡

刺繡順序
1 鉛筆與筆
2 藍色和綠色的背景
3 周圍的鋸齒狀
4 數字

c 鋼筆

BLANC（1）
直針繡＋法國結粒繡

310（2）
裂線繡

Diamant
D3821
緞面繡

Diamant
D3821
裂線繡

414（2）
緞面繡

Diamant D3821
緞面繡

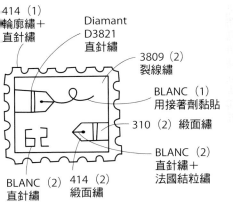

刺繡順序
1 黑色的部分
2 筆尖
3 金色的部分

d 墨水瓶

刺繡順序
1 墨水
2 輪廓
3 蓋子
4 標籤
參考 P.57

414（2）
裂線繡

414（2）
肋骨蛛網繡

Diamant
D3821
用接著劑黏貼

310（1）
輪廓繡

823（2）
裂線繡

414（2）
輪廓繡

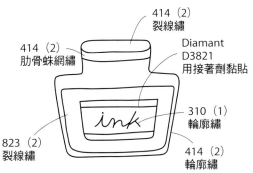

e 火漆蠟章

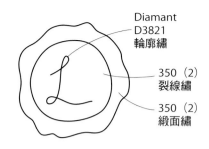

Diamant
D3821
輪廓繡

350（2）
裂線繡

350（2）
緞面繡

刺繡順序

1 內側的圓
2 周圍的緞面繡
3 文字

h 打開的信封

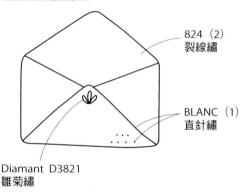

824（2）
裂線繡

BLANC（1）
直針繡

Diamant D3821
雛菊繡

刺繡順序

1 上方的部分
2 用另一塊布製作下
　半部
3 將布夾進去，貼上
　用另一塊布製作的
　信。
參考 P.57

g 航空信封

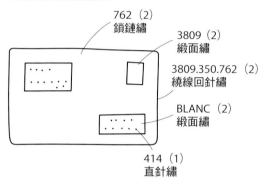

762（2）
鎖鏈繡

3809（2）
緞面繡

3809.350.762（2）
繞線回針繡

BLANC（2）
緞面繡

414（1）
直針繡

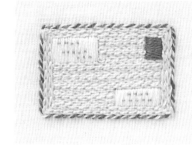

刺繡順序

1 郵票、地址的部分
2 全體的鎖鏈繡
3 周圍的條紋

f 桌子區

08（1）直針繡
906（1）法國結粒繡

906（2）
緞面繡

823（2）緞面繡

Diamant D3821
直針繡

824（2）緞面繡

桌板與抽屜的交
界處是將310（1）
的直針繡用接著
劑輕輕固定

310（2）
直針繡
法國結粒繡

08（2）
緞面繡

08（2）
裂線繡

08（2）
裂線繡

350（2）
裂線繡

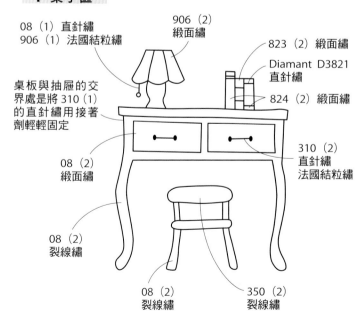

刺繡順序

1 椅子
2 抽屜
3 桌子
4 黑色線條
5 書、檯燈

h　打開的信封繡法

1　刺繡信封的上半部。

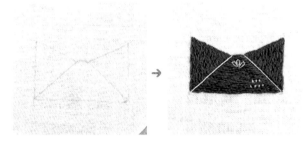

2　將信封複印在另一塊布上，繡下半部。

3　將信封周圍留下 5 ～ 6mm 後剪掉，也先剪出角。

4　在留白的部分塗上手工藝用棉花，貼在背面後調整形狀。

5　將作為信紙的布折進去，宛如夾進去般貼在信封的下方。

※接著劑只塗在下半部與左右兩邊，與上半部的信封四個角對齊貼就能貼合得很漂亮。

d　墨水瓶標籤做法

1　將圖案複寫在另一塊布上，繡英文字母。

2　將 1 的周圍稍微剪大一點，將布折起來確認尺寸。留白的部分塗上手工藝用接著劑，折進去背面並調整形狀。

3　貼在墨水瓶的中心即完成。

❀ *arrange* 胸針・針插

胸針的製作參考 P.35

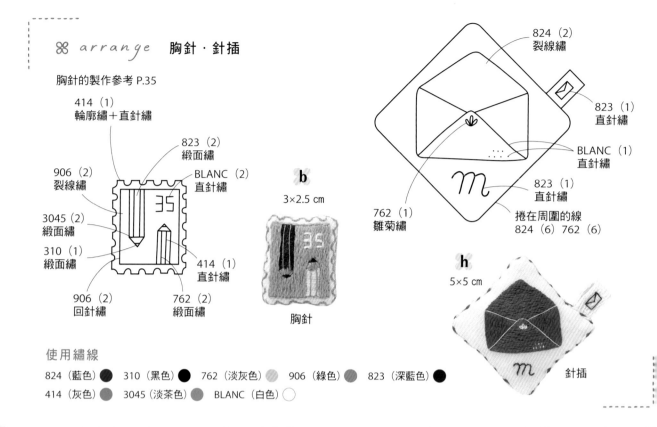

414（1）
輪廓繡＋直針繡

823（2）
緞面繡

906（2）
裂線繡

BLANC（2）
直針繡

3045（2）
緞面繡

310（1）
緞面繡

906（2）
回針繡

762（2）
緞面繡

414（1）
直針繡

b
3×2.5 cm

胸針

824（2）
裂線繡

823（1）
直針繡

BLANC（1）
直針繡

823（1）
直針繡

762（1）
雛菊繡

捲在周圍的線
824（6）762（6）

h
5×5 cm

針插

使用繡線

824（藍色）● 310（黑色）● 762（淡灰色）● 906（綠色）● 823（深藍色）●

414（灰色）● 3045（淡茶色）● BLANC（白色）○

---

h ┃ 針插做法

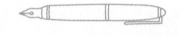

❀ *technic*

1
將繡完的布離實線
的 1cm 處剪下來，
準備好同樣大小的
裡布和喜歡的標籤。

2
將布正面對正面重疊，
中間塞入標籤。留下返
折口，沿著實線用手縫
線縫一圈。翻回正面後
塞入棉花，也將返折口
縫合起來。

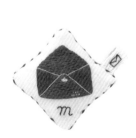

3
在表布與裡布的交界
處用繡線（6 股線）
做波浪縫合。

 →

4
再用 1 種顏色的繡線（6 股線）將 3 所繡好的繡線
一邊繞線，一邊縫完一圈即完成。

58

刺 繡 的 種 類 與 繡 法　匯整本書所使用的刺繡

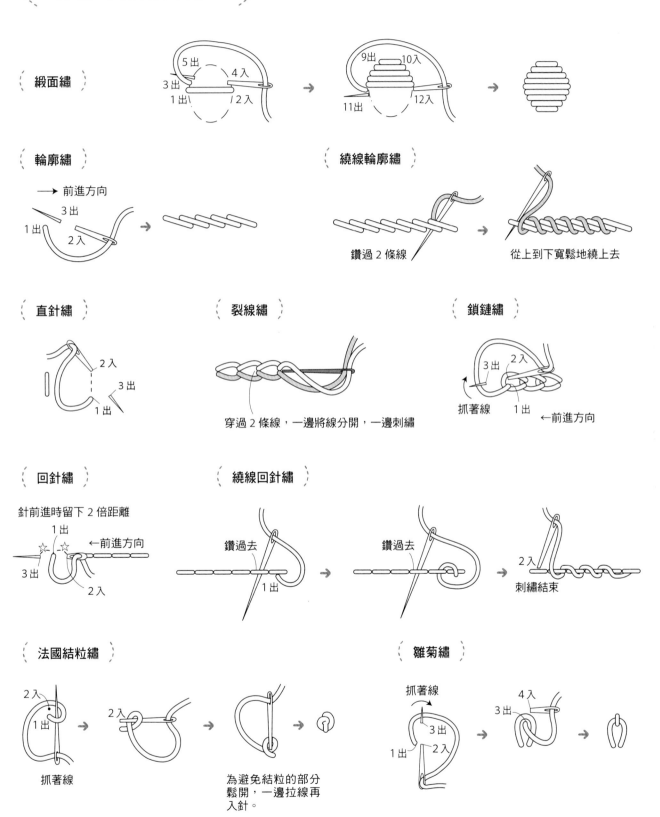

緞面繡

5出　4入　3出　1出　2入　→　9出　10入　11出　12入　→

輪廓繡

→ 前進方向

3出　1出　2入　→

繞線輪廓繡

鑽過 2 條線　→　從上到下寬鬆地繞上去

直針繡

2入　3出　1出

裂線繡

穿過 2 條線，一邊將線分開，一邊刺繡

鎖鏈繡

3出　2入　1出　抓著線　←前進方向

回針繡

針前進時留下 2 倍距離

1出　←前進方向　3出　2入

繞線回針繡

鑽過去　1出　→　鑽過去　1出　→　2入　刺繡結束

法國結粒繡

2入　1出　抓著線　→　2入　→　為避免結粒的部分鬆開，一邊拉線再入針。　→

雛菊繡

抓著線　3出　4入　1出　2入　→

59

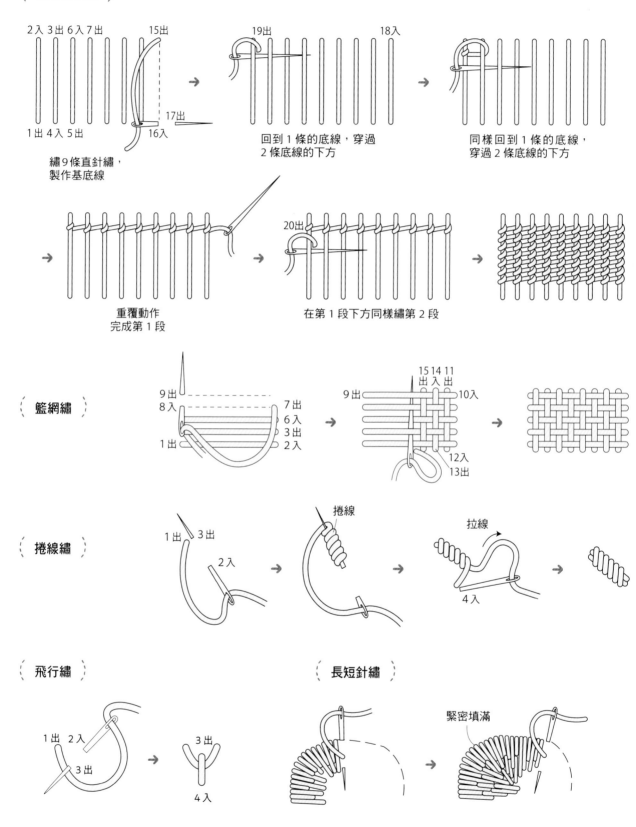

肋骨蛛網繡

2入 3出 6入 7出　　15出

1出 4入 5出　　17出　　16入

繡9條直針繡，
製作基底線

19出　　　　　18入

回到1條的底線，穿過
2條底線的下方

同樣回到1條的底線，
穿過2條底線的下方

重覆動作
完成第1段

20出

在第1段下方同樣繡第2段

籃網繡

9出　　　　7出
8入　　　　6入
　　　　　　3出
1出　　　　2入

15 14 11
出 入 出
9出　　　　　　　10入

12入
13出

捲線繡

1出　3出

2入

捲線

拉線

4入

飛行繡

1出　2入

3出

3出

4入

長短針繡

緊密填滿

60

土耳其結粒繡

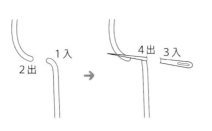 

入針至 5 處再返回
半針，於 6（與 3 同
一孔）處出針

入針至 7 處再返回
半針，於 8（與 5 同
一孔）處出針

 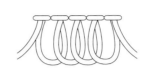

入針至 9 處再返回半針，於
10（與 7 同一孔）處出針，
抽出針即完成（圈環）。

調整每個圈環的大小，
需要剪掉時剪掉圈環的
部分

分離鈕眼繡

繡回針繡

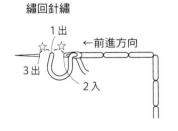 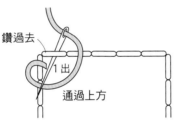 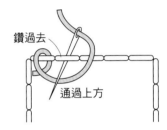

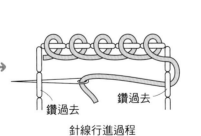 

重覆動作

針線行進過程

通過上方

重覆動作

讓完成的刺繡更精緻

製作成漂亮的裝飾板，或單一圖案的包鈕

方型裝飾板收尾方式

本書使用 A5、B6 裝飾板製作

1 將不織布用接著劑貼在在木製裝飾板上。

2 將刺繡的正面放在毛巾上，噴水後再熨燙。

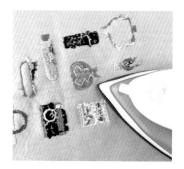

3 將圖案間皺摺的部分一邊輕輕拉布，並使用熨斗尖端仔細拉平。

4 一邊確認圖案的位置，稍微拉著布將周圍用圖釘固定。

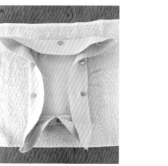

5 確認正面的狀況，注意皺摺再用釘槍固定住。

6 將角的部分折起來，用釘槍固定住。

7 將剩下的布裁掉，再用紙膠帶補強後就很安全。

完成

繡框收尾方式　　本書使用 12.5cm、15.5cm、18.5cm

1 配合繡框的大小裁剪厚紙板。

2 確認圖案置中後,將布套在繡框上,再套上 1 的厚紙板。

3 將周圍的布留下 2 ～ 3cm 後裁剪下來,用縫線將周圍進行平針縫。

4 拉著 3 的平針縫調整形狀。

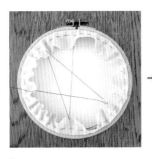

5 將縫線以斜對角方向穿過去,然後打結固定。

完成

包釦收尾方式　　本書使用 3.5cm、4.5cm

1 將刺繡的布剪成包釦的大小。

2 將刺繡的圖案置中後,擺在布的上方,將周圍的布塞進內側(用接著劑固定後布就不易脫落)。

3 將背面縫上金屬配件。裝上胸針或縫上磁鐵等,挑戰各種做法。

完成

作者簡介

mo-ffu

* 日本人氣刺繡手作家 *

　　由於家裡的小朋友上幼稚園而開始正式成為刺繡作家。創作主題是每天的生活。以身邊的工具、小物或雜貨為圖案的「生活中的工具」來傳達刺繡的魅力。

　　作家名字「mo-ffu」，是因為想做出如同毛毯般溫暖的作品。興趣是閱讀童書和繪本。居住在北海道。

https://lit.link/moffu
Instagram mo_ffu

素材提供

DMC
https://www.dmc.com/jp

日方 Staff

攝　　影／村尾香織
書籍設計／小池佳代
圖　　案／原山　惠
編　　輯／小島みな子

國家圖書館出版品預行編目（CIP）資料

mo-ffu 的好感生活刺繡 /mo-ffu 作；李惠芬翻譯 .-- 初版 .-- 新北市：大風文創股份有限公司，2024.08　面；　公分

ISBN 978-626-98000-1-8(平裝)

1.CST: 刺繡 2.CST: 手工藝

426.2　　　　　　　　　　113000196

線上讀者問卷

關於本書任何建議與心得，
歡迎和我們分享。

https://reurl.cc/73yKyN

❤ 愛手作系列 047

一針一線復刻幸福時光

mo-ffu 的好感生活刺繡

作　　者／mo-ffu
主　　編／林巧玲
翻　　譯／李惠芬
特約編輯／王雅卿
封面設計／N.H.Design
內頁排版／陳琬綾

發 行 人／張英利
出 版 者／大風文創股份有限公司
電　　話／02-2218-0701
傳　　眞／02-2218-0704
網　　址／http://windwind.com.tw
E - M a i l ／rphsale@gmail.com
Facebook ／大風文創粉絲團
http://www.facebook.com/windwindinternational
地　　址／231 台灣新北市新店區中正路 499 號 4 樓

台灣地區總經銷／聯合發行股份有限公司
電話／（02）2917-8022
傳眞／（02）2915-6276
地址／231 新北市新店區寶橋路 235 巷 6 弄 6 號 2 樓

香港地區總經銷／豐達出版發行有限公司
電話／（852）2172-6533
傳眞／（852）2172-4355
地址／香港柴灣永泰道 70 號 柴灣工業城 2 期 1805 室

初版一刷／2024 年 8 月
定價／新台幣 320 元

Lady Boutique Series No.8387
KURASHI NO ODOUGU SHISHUU©2023 Boutique-sha, Inc. All rights reserved.
Original Japanese edition published in Japan by BOUTIQUE-SHA.
Chinese (in complex character) translation rights arranged with BOUTIQUE-SHA through Keio Cultural Enterprise Co., Ltd., New Taipei City, Taiwan.